U0108547

P.19

P.24

P.29

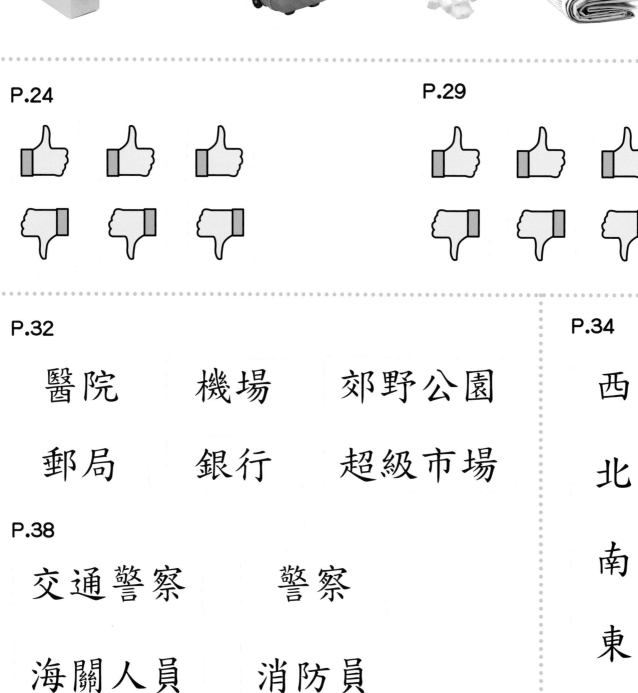

P.32

醫院　　　機場　　　郊野公園

郵局　　　銀行　　　超級市場

P.34

西

北

南

東

P.38

交通警察　　　　警察

海關人員　　　消防員

P.43

P.50

P.52

P.58

P.61

萬里長城　富士山

金字塔　兵馬俑

新雅

幼稚園常識及綜合科學練習

低班 下

新雅文化事業有限公司
www.sunya.com.hk

編旨

《新雅幼稚園常識及綜合科學練習》是根據幼稚園教育課程指引編寫，旨在提升幼兒在不同範疇上的認知，拓闊他們在常識和科學上的知識面，有助銜接小學人文科及科學科課程。

★ **本書主要特點：**

·內容由淺入深，以螺旋式編排

本系列主要圍繞幼稚園「個人與羣體」、「大自然與生活」和「體能與健康」三大範疇，設有七大學習主題，主題從個人出發，伸展至家庭與學校，以至社區和國家，循序漸進的由內向外學習。七大學習主題會在各級出現，以螺旋式組織編排，內容和程度會按照幼兒的年級層層遞進，由淺入深。

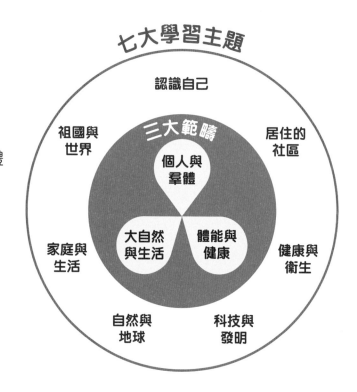

·明確的學習目標

每個練習均有明確的學習目標，使教師和家長能對幼兒作出適當的引導。

·課題緊扣課程框架，幫助銜接小學人文科

每冊練習的大部分主題均與人文科六個學習範疇互相呼應，除了鼓勵孩子從小建立健康的生活習慣，促進他們人際關係的發展，還引導他們思考自己於家庭和社會所擔當的角色及應履行的責任，從而加強他們對社會及國家的關注和歸屬感。

·設親子實驗，從實際操作中學習，幫助銜接小學科學科

配合小學 STEAM 課程，本系列每冊均設有親子實驗室，讓孩子在家也能輕鬆做實驗。孩子「從做中學」（Learning by Doing），不但令他們更容易理解抽象的科學原理，還能加深他們學新知識的記憶，並提升他們學習的興趣。

·配合價值觀教育

部分主題會附有「品德小錦囊」，配合教育局提倡的十個首要培育的價值觀和態度，讓孩子一邊學習生活、科學上的基礎認知，一邊為培養他們的良好品格奠定基礎。

品德小錦囊

作為家庭一分子，多幫忙做家務、一起打掃，實踐承擔精神！

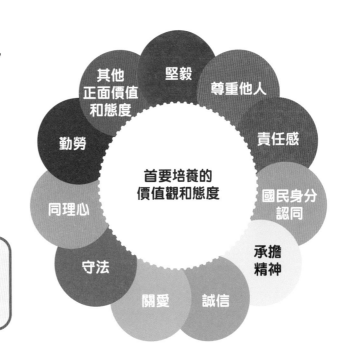

·內含趣味貼紙練習

每冊都包含了需運用貼紙完成的趣味練習，除了能提升孩子的學習興趣，還能訓練孩子的手部小肌肉，促進手眼協調。

K1-K3 學習主題

學習主題＼年級		K1	K2	K3
認識自己	我的身體	1. 我的臉蛋 2. 神奇的五官 3. 活力充沛的身體	1. 靈敏的舌頭 2. 看不見的器官	1. 支撐身體的骨骼 2. 堅硬的牙齒 3. 男孩和女孩
	我的情緒	4. 多變的表情	3. 趕走壞心情	4. 適應新生活 5. 自在樂悠悠
健康與衛生	個人衛生	5. 儀容整潔好孩子 6. 洗洗手，細菌走	4. 家中好幫手	6. 我愛乾淨
	健康飲食	7. 走進食物王國 8. 有營早餐	5. 一日三餐 6. 吃飯的禮儀	7. 我會均衡飲食
	日常保健	—	7. 運動大步走 8. 安全運動無難度	8. 休息的重要

學習主題＼年級		K1	K2	K3
家庭與生活	家庭生活	9. 我愛我的家 10. 我會照顧家人 11. 年幼的弟妹 12. 我的玩具箱	9. 我的家族 10. 舒適的家	9. 爸爸媽媽，請聽我說 10. 做個盡責小主人 11. 我在家中不搗蛋
	學校生活	13. 我會收拾書包 14. 來上學去	11. 校園的一角 12. 我的文具盒	12. 我會照顧自己 13. 不同的校園生活
	出行體驗	15. 到公園去 16. 公園規則要遵守 17. 四通八達的交通	13. 多姿多彩的暑假 14. 獨特的交通工具	14. 去逛商場 15. 乘車禮儀齊遵守 16. 讓座人人讚
	危機意識	18. 保護自己 19. 大灰狼真討厭！	15. 路上零意外	17. 欺凌零容忍 18. 我會應對危險
自然與地球	天象與季節	20. 天上有什麼？ 21. 變幻的天氣 22. 交替的四季 23. 百變衣櫥	16. 天氣不似預期 17. 夏天與冬天 18. 初探宇宙	19. 我會看天氣報告 20. 香港的四季

學習主題＼年級		K1	K2	K3
自然與地球	動物與植物	24. 可愛的動物 25. 動物們的家 26. 到農場去 27. 我愛大自然	19. 動物大觀園 20. 昆蟲的世界 21. 生態遊蹤 22. 植物放大鏡 23. 美麗的花朵	21. 孕育小生命 22. 種子發芽了 23. 香港生態之旅
	認識地球	28. 珍惜食物 29. 我不浪費	24. 百變的樹木 25. 金屬世界 26. 磁鐵的力量 27. 鮮豔的回收箱 28. 綠在區區	24. 瞬間看地球 25. 浩瀚的宇宙 26. 地球，謝謝你！ 27. 地球生病了
科技與發明	便利的生活	30. 看得見的電力 31. 船兒出航 32. 金錢有何用？	29. 耐用的塑膠 30. 安全乘搭升降機 31. 輪子的轉動	28. 垃圾到哪兒？ 29. 飛行的故事 30. 光與影 31. 中國四大發明 （造紙和印刷） 32. 中國四大發明 （火藥和指南針）
	資訊傳播媒介	33. 資訊哪裏尋？	32. 騙子來電 33. 我會善用科技	33. 拒絕電子奶嘴
居住的社區	社區中的人和物	34. 小社區大發現 35. 我會求助 36. 生病記 37. 勇敢的消防員	34. 社區設施知多少 35. 我會看地圖 36. 郵差叔叔去送信 37. 穿制服的人們	34. 社區零障礙 35. 我的志願

學習主題＼年級		K1	K2	K3
居住的社區	認識香港	38. 香港的美食 39. 假日好去處	38. 香港的節日 39. 參觀博物館	36. 三大地域 37. 本地一日遊 38. 香港的名山
	公民的責任	40. 整潔的街道	40. 多元的社會	－
祖國與世界	傳統節日和文化	41. 新年到了！ 42. 中秋慶團圓 43. 傳統美德（孝）	41. 端午節划龍舟 42. 祭拜祖先顯孝心 43. 傳統美德（禮）	39. 傳統美德（誠） 40. 傳統文化有意思
	我國地理面貌和名勝	44. 遨遊北京	44. 暢遊中國名勝	41. 磅礴的大河 42. 神舟飛船真厲害
	建立身份認同	－	45. 親愛的祖國	43. 國與家，心連心
	認識世界	45. 聖誕老人來我家 46. 色彩繽紛的國旗	46. 環遊世界	44. 整裝待發出遊去 45. 世界不細小 46. 出國旅遊要守禮

目錄

百變的樹木

以下哪些東西是用木材製成的？請把它們圈出來。

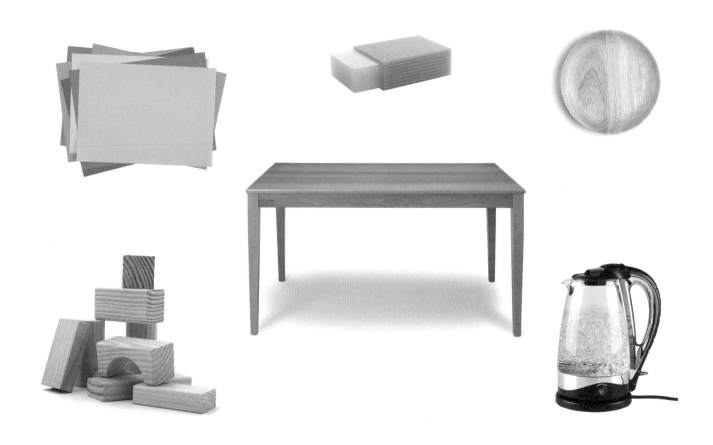

木材可以從哪個地方獲得？請分辨獲得木材的地方，並在□內加 ✓。

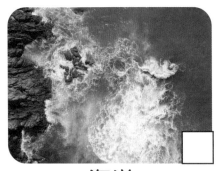

海洋

森林

極地

總結

木材能做成不同的東西，例如紙張、家具等。為了得到木材，人類會砍伐森林。森林不但為我們淨化空氣，更為動物提供居所，所以我們要好好珍惜這種珍貴的資源，不要浪費。

砍伐樹木有什麼壞處？請分辨砍伐樹木的壞處，並把填上顏色。

增加紙張供應

動物失去居所

清新空氣減少

土地沙漠化

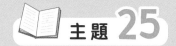
金屬世界

圖中標示的十件物品，哪五種是用金屬製成的？請把它們圈起來。

總結

大部分金屬都是從礦石中採得，它是一種容易導電和傳熱的物質，常見的金屬物質有金、銀、銅、鐵、鋁等。金屬的用途廣泛，能用來製造不同的物品。當金屬氧化，它的表面便會發黑，形成生鏽。

金屬有什麼特性？請分辨出這些特性，並在□內加 ✓。

能導電 □

可能會生鏽 □

能導熱 □

可吸水 □

磁鐵的力量

磁鐵的兩端分別稱作什麼？它們有什麼特性？請仔細觀察下圖，並圈出正確的答案。

磁鐵兩端都有磁極，分別是 東極 / 南極 和 北極 / 西極 。

兩塊磁鐵異極時靠近彼此，會互相 排斥 / 吸引 。

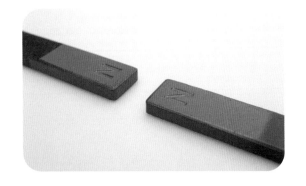

兩塊磁鐵同極時靠近彼此，會互相 排斥 / 吸引 。

總結

　　磁鐵指向北方的，是北極（N 極），指向南方的，是南極（S 極）。磁鐵有很多不同的形狀，除了常見的條形磁鐵，還有 U 型磁鐵和圓形磁鐵等。我們生活上常常發現磁鐵的蹤影，例如冰箱裝飾磁鐵、背包上的磁扣等。

磁鐵可吸引金屬，以下哪些物品可以被磁鐵吸附？請根據物品的製作物料判斷，並把它們填上顏色。

鮮豔的回收箱

以下的回收箱是什麼顏色的？請按回收箱上的標籤判斷，並把它們填上顏色。

紙張
Paper

金屬
Metal

膠樽
Plastic Bottles

玻璃
Glass

品德小錦囊

我們要有保護環境的責任，努力為減少都市固體廢物出力！

總結 ✏️

　　除了廢紙、金屬和塑膠，玻璃、充電池等物品都能回收。如果回收前的準備功夫不足，可能會導致整箱回收物料受污染，影響回收成效。所以，我們要好好辨認物品是否能回收，並在回收前把物品消洗乾淨。

這些使用過的物品可以回收嗎？請把物品貼紙貼在適當的方格裏。

廢紙	金屬

塑膠	不能回收

綠在區區

環保四用原則 (4R Concept) 是指哪四個原則？請連一連。

REDUCE

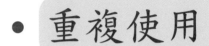

重複使用

REUSE

循環再用

RECYCLE

減少使用

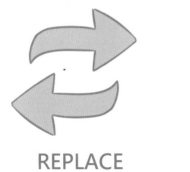

REPLACE

替代使用

總結

日常生活中，我們遵守四用原則 (4R)，不但能夠減少製造廢物，更能有效地運用珍貴的資源，例如：減少使用即棄餐具和用品、自備購物袋等。只要我們一起努力，就能令地球變得更美麗！

以下的小朋友遵守了那一種 4R 原則？請把代表答案的字母填在方格內。

A. 循環再用   B. 減少使用

C. 重複使用   D. 替代使用

把用完的物品回收

紙張的兩面都使用

用食物盒取代泡沫塑料盒

不購買不必要的東西

耐用的塑膠

以下哪些東西是用塑膠製成的？請把它們圈出來。

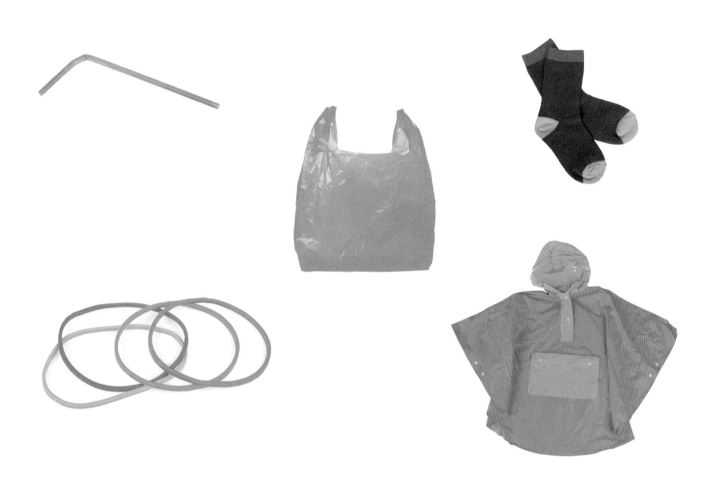

塑膠有什麼特性？請分辨塑膠的特性，並在□內加 ✓。

防水　　　　　難以分解　　　　　不能導電

總結

　　塑膠重量輕又防水，所以被製成不同的產品，例如膠樽、膠袋等。可是塑膠較難分解，如果掉進海洋中，會對海洋生態造成破壞。所以，我們要減少使用，例如以環保袋替代膠袋。

思朗為了響應環保，正為媽媽設計一款獨特的購物袋，請用顏色筆幫他完成購物袋的設計。

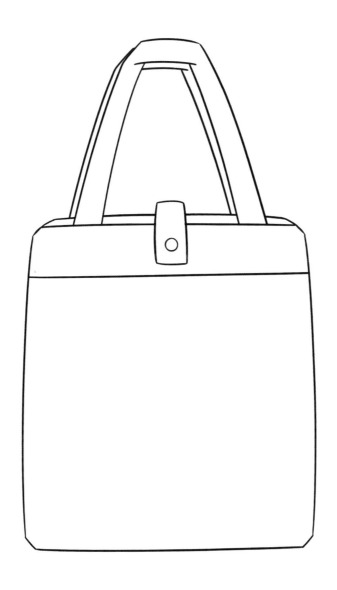

安全乘搭升降機

以下哪些孩子會正確使用升降機？請判斷以下行為，正確的，請把 👍 貼紙貼上；不正確的，請把 👎 貼紙貼上。

胡亂按升降機按鈕

在升降機中跳躍

成人陪同時才
乘搭升降機

關門時強行
衝入升降機

被困升降機時
按警鐘

讓人先出升降機，
才走進去

總結 ✏️

    升降機能快速地帶我們到不同的樓層，十分方便。我們在選擇使用升降機時，應該先讓有需要的人士優先使用，例如長者、使用輪椅的人士、推着嬰兒車和攜帶行李等人士。當發生火警時，記得不要使用升降機。

當發生火災時，我們應該怎樣下樓？請把答案代表的字母填在適當的橫線上。

A.

升降機

B.

扶手電梯

C.

樓梯

當發生火災時，我們應該用 _____ 下樓。

輪子的轉動

以下哪個形狀或立體物件是可以滾動的？請分辨出這些，
並在□內加 ✓。

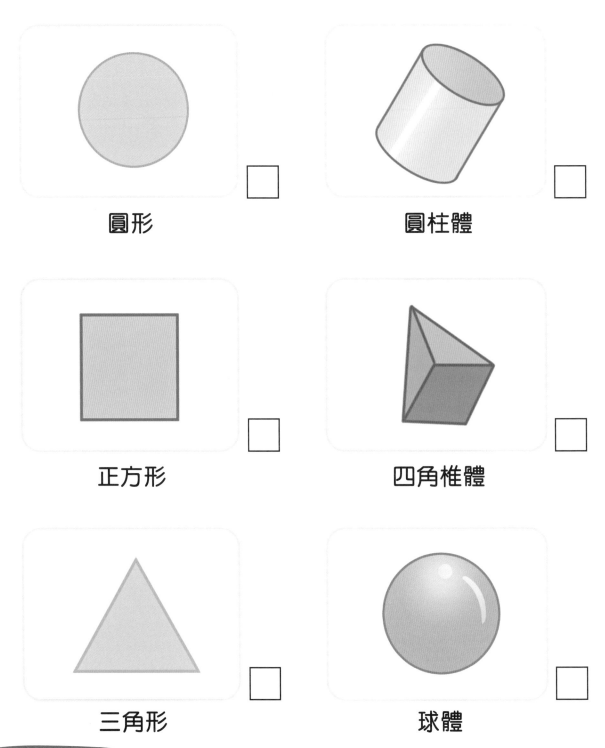

圓形　　　　　　　　　圓柱體

正方形　　　　　　　　四角椎體

三角形　　　　　　　　球體

總結 ✏️

圓形的輪子摩擦力較其他形狀的小，能更好地滾動。因此汽車、自行車等的交通工具，都要裝上圓形輪子才能夠更好地行駛。在日常生活中，有很多東西都運用了輪子，例如：購物車、嬰兒車和輪椅等。

以下哪些物品能滾動？請把它們圈出來。

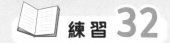

騙子來電

可疑的男子正在進行哪種犯罪活動？請選出正確的答案，並在圈裏打 ✓。

電話騙案

盜竊

傷人

總結

電話能讓我們隨時隨地與人通訊，十分方便。但是使用電話時，我們要注意電話騙案。騙徒可能會假冒執法人員，或用獎賞利誘。請記得切勿向陌生人透露個人資料。如果接到懷疑的電話，亦可致電「防騙易 18222」熱線查詢。

當接到可疑的來電時，我們應該怎樣做？正確的行為，請把 👍 貼紙貼上；不正確的行為，請把 👎 貼紙貼上。

確定對方身分

報警求助

跟對方閒聊

請大人接聽

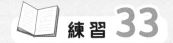
我會善用科技

網絡有哪些用途?請把代表答案的字母填在相應的格子內。

A. 玩遊戲　　　B. 學習　　　C. 看影片
D. 跟別人通訊　　E. 跟朋友分享相片

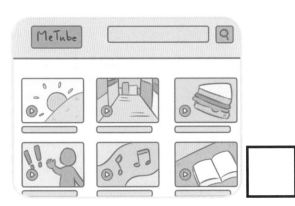

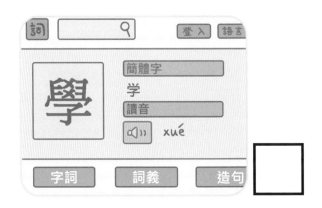

總結 ✏️

　　我們會在日常生活中廣泛地使用電子產品和不同的網絡功能，例如用來學習、跟親友通訊和娛樂等。我們應注意使用時間，並挑選一些適合我們的程式或網上平台，避免接收不良資訊。

思晴開始學習使用電子產品了，她應該訂立哪些合理的網絡使用守則？請圈出正確的答案。

1. 限制上網時間：每天只可上網不超過 1 / 5 / 7 小時。

2. 選擇瀏覽的領域：不瀏覽 暴力 / 學習 / 社交 網站或平台。

3. 保護個人身分及私隱：不發布個人的敏感資料，包括 姓名 / 電話 / 地址 等。

品德小錦囊

我們要具備網絡素質，學會正確運用資訊科技，不要沉迷網絡遊戲。

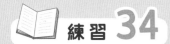
社區設施知多少

以下圖中是什麼地方？請把適當的貼紙貼在 [_____] 內。

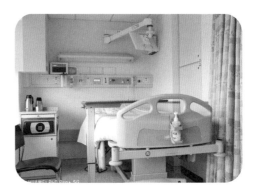

總結

社區中有很多不同種類的設施，我們享用這些設施時，要有公德心，並要遵守規則。社區中的公共設施是讓大家一起使用，每個人都有責任保持清潔和愛護公物，這樣我們才能居住在美麗的社區中。

以下的居民需要使用什麼設施？請連一連。

銀行櫃員機

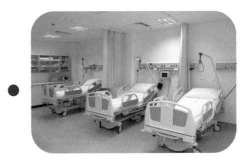

醫院病房

郵箱

我會看地圖

指南針上的英文字母代表什麼方向？請把適當的方向貼紙貼在 ┌┈┈┈┐ 內。

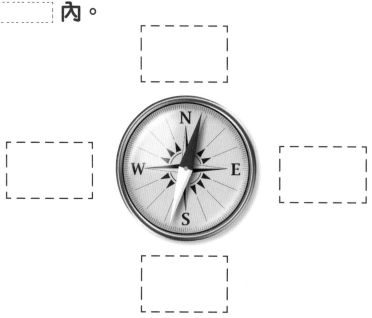

爸爸正出題考思朗有關指南針的知識，你會回答爸爸的題目嗎？請幫助思朗選出正確的答案，並在圈裏打 ✓。

1. 指南針的紅針總是指向哪個方向？

　　　東方　　　　　　南方　　　　　　西方　　　　　　北方

　　　◯　　　　　　　◯　　　　　　　◯　　　　　　　◯

2. 指南針的指針是用什麼製造的？

　　　磁石　　　　　　　　　　　石頭

總結

指南針分為東、南、西、北四個方向。它是一種用於指示方向的工具，通常會和地圖一起使用。例如：當我們行山迷路時，可以運用指南針找到方向，指示我們如何走到目的地。

這些社區設施在思朗家的什麼方向？請圈出正確的答案。

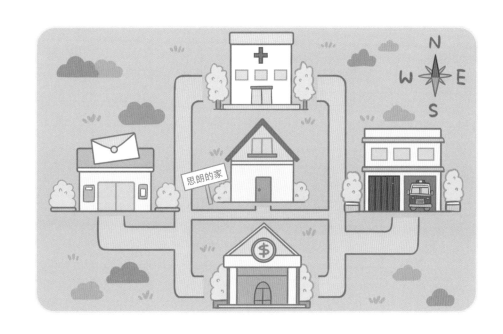

1. 郵局 在 思朗的家 的 西 / 北 方。

2. 消防局 在 思朗的家 的 東 / 西 方。

3. 醫院 在 思朗的家 的 南 / 北 方。

郵差叔叔去送信

寄信的過程是怎樣的？請按先後次序，把代表答案的字母填在相應的格子內。

A.

郵差把信件送到
收信人地址

B.

寄信人在信封寫上
地址和貼上郵票

C.

收信人收信

D.

郵差在郵箱
收集信件

E.

郵差在郵局
分類郵件

F.

寄信人把信
投進郵箱

B → ☐ → ☐ → ☐ → ☐ → ☐

總結

　　郵差會有系統地收集、處理和送遞郵件，以確保能準確地、有效率地把東西送遞給收件人。寄郵件前，我們需要在信封寫上正確的地址，並貼上郵票，代表支付了足夠的郵費，才能順利把信件寄出。

以下哪些物品是郵政用品或設備？請把它們圈出來。

穿制服的人們

以下圖中的人是做什麼工作？請把適當的字詞貼紙貼在
┌┄┄┄┄┄┐ 內。

總結

在我們的社區中，有很多穿着制服、為我們服務的人，例如消防員、海關、交通警察等。他們有不同的工作崗位和職責，我們應該抱着感恩的心，向辛勞工作的他們致敬。

圖中的人有什麼職責？請連一連。

香港的節日

香港有什麼獨特的傳統節慶活動？請把代表答案的字母填在相應的格子內。

A. 長洲太平清醮　　　B. 車公誕祈福

C. 大坑舞火龍　　　　D. 盂蘭節神功戲

香港有很多獨特的傳統節慶活動，例如長洲太平清醮、大坑舞火龍等，有些節慶活動甚至被列為國家級非物質文化遺產項目。這些活動吸引很多人參與，感受當中的熱鬧氣氛，並藉此了解香港的獨特文化。

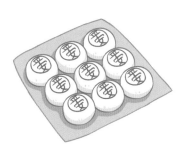

思晴正參加有關香港傳統節日的問答比賽，你會回答以下的題目嗎？請幫助她選出正確的答案，並在圈裏打 ✓。

1. 大坑舞火龍在什麼節日中舉行？

農曆新年　　　　端午節　　　　中秋節

○　　　　　　　○　　　　　　　○

2. 以下哪種傳統活動會在太平清醮時舉行？

搶包山比賽　　　　舞獅　　　　吃火雞

○　　　　　　　○　　　　　　　○

參觀博物館

以下各個香港景點的名稱是什麼？請把圖片和字詞連一連。

香港歷史博物館

宇宙展覽

香港文化博物館

故宮珍藏陶瓷

香港太空館

香港故事展覽

香港藝術館

畫展

總結 ✏️

香港有很多不同博物館，每所博物館的主題和展品都不一樣，我們不妨到這些博物館參觀一下，認識不同的藝術品和歷史文化。

我們應該怎樣遊覽博物館？正確的行為，請把 👍 貼紙貼上；不正確的行為，請把 👎 貼紙貼上。

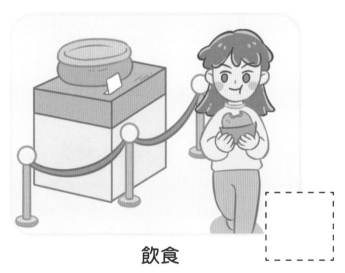

飲食

仔細欣賞

閱讀展品簡介

拍攝展品

多元的社會

思朗認識了來自不同國家的新朋友，他們有什麼特別之處？請仔細觀察他們的外貌，並把正確的答案圈起來。

Kamran

他來自巴基斯坦，

他的膚色較 黝黑 / 白 ，

他家鄉的母語是 烏都語 / 法語 。

她來自德國，

她有一頭 黑髮 / 金髮 ，

她的膚色較 黝黑 / 白 ，

她家鄉的母語是 普通話 / 德語 。

Leonie

翔太

他來自日本，

他有一頭 黑髮 / 金髮 ，

他家鄉的母語是 日語 / 英語 。

總結

　　我們的社會很多元化，由來自不同地方的人組成，大家都有不同的種族、文化、語言、生活方式和宗教信仰等。我們要學會互相接納和尊重，加強彼此的溝通，這樣才能建立一個和諧的社會。

思朗發現他的新朋友跟自己的習慣不同，他應該怎樣做？請選出正確的對話，並在□內加 ✓。

□ 原來你們傳統會用右手吃飯嗎？
□ 你用手吃飯，真髒！

□ 你還戴着頭巾，真奇怪！
□ 你你不想脫頭巾，我給你開風扇吧？

品德小錦囊

社會中有不同國籍的人，彼此有不同的生活習慣，我們要學會尊重他人。

端午節划龍舟

以下哪些是端午節的習俗？請分辨出這些習俗，並在□內加 ✓。

吃月餅

看燈飾

龍舟比賽

貼揮春

到親友家拜年

吃糭子

總結 ✏️

　　端午節是中國傳統的節日之一。除了進行龍舟比賽外，還有吃糉子的習俗。粽子也有分很多種類，它們主要是用糯米製成的，不容易被消化，我們不應進食過量。

爸爸正出題考思晴有關端午節的知識，你會回答爸爸的題目嗎？請幫助思晴選出正確的答案，並在圈裏打 ✓。

1. 每年的端午節在什麼時候？

農曆 5 月 5 日　　　農曆 8 月 15 日　　　每年均不同
　　◯　　　　　　　　　◯　　　　　　　　　◯

2. 端午節相傳是為了紀念誰？

司馬光　　　　　　　孔子　　　　　　　屈原
　◯　　　　　　　　　◯　　　　　　　　◯

祭拜祖先顯孝心

清明節掃墓時會做什麼？請把代表答案的字母填在相應的格子內。

A. 清除墓碑旁的雜草

B. 燃燒香燭冥鏹

C. 獻上鮮花和祭品

D. 吃青團和雞屎藤

總結 ✏️

清明節是中國的傳統節日，通常在每年四月四日至六日。清明節主要習俗是祭祖和掃墓，祭拜的方式有很多，例如燒紙錢、香和香燭冥鏹等。

掃墓應該怎樣做？請圈出兩幅圖的不同之處（提示：共3處），然後判斷哪一幅圖中的人做法正確，並在□內打 ✓。

□

□

傳統美德（禮）

你是個有禮的孩子嗎？請判斷以下行為：有禮的，請把 👍 貼紙貼上；無禮的，請把 👎 貼紙貼上。

借文具給同學

大聲責備犯錯的弟妹

在交通工具上大聲說話

跟家人打招呼

犯錯後跟別人道歉

看電影時踢前面的座位

總結

「禮」是指對人恭敬和謙遜，待人接物時懂得禮儀，例如跟家人說早安、跟同學分享、尊敬長輩等。禮貌是人與人之間良好的溝通方式，我們以禮待人，跟別人就能相處得更和睦。

你知道《孔融讓梨》的故事嗎？請按故事的發展把以下圖片順序排列。

☐ 哥哥們都讓最小的弟弟先拿。

☐ 父親問原因，孔融回答想把大梨留給哥哥們。

☐ 到孔融選時，他挑了最小的梨子。

1 一天，鄰居送了一籃梨子給孔融家。

暢遊中國名勝

學習重點
- 認識中國不同的古蹟名勝
- 初步認識中國不同的城市名稱

思朗在暑假到訪中國不同的古蹟名勝，那些風景是怎樣的？
請把不同的風景貼紙貼在適當的相框裏。

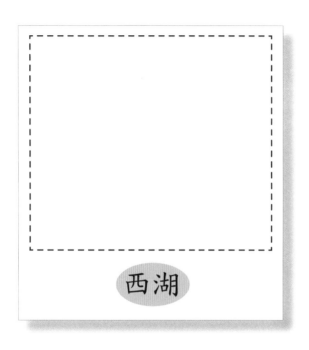

西湖

兵馬俑

萬里長城

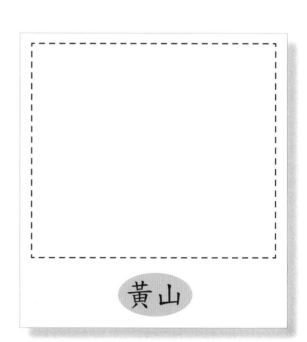

黃山

總結

中國擁有五千多年的歷史，留下了難以計數的名勝古蹟。這些古蹟遍布在中國各個城市，我們有機會一定要親身觀賞這些美麗的風景或建築物呢！

這些古蹟名勝在中國哪個城市？請連一連。

故宮博物院

土樓

兵馬俑

園林

蘇州

西安

北京

福建

親愛的祖國

中國的國旗是由什麼顏色組成？請把國旗填上正確的顏色。

你們知道嗎？國旗上的大星，代表的是中國共產黨，四顆小五角星代表的是工人、農民階級、城市小資和民族資產四個階級。

以下哪一幅是香港的區旗？請分辨正確的答案，並在□內加 ✓。

總結 ✏️

國旗和國徽是國家的標誌，也是國家和國家主權的象徵。香港是中國的城市，我們要好好認識國旗和區旗。每當升掛國旗及奏唱國歌時，我們應該認真，保持肅立並一同唱國歌。

升旗和唱國歌時，我們應該保持怎樣的態度？請觀察以下的小朋友，做得對的，請在圈裏打 ✓；不對的，請在圈裏打 ✗。

品德小錦囊

國旗和國歌是國家的象徵和標誌，必須尊重，並展現出我們對國民身分認同。

環遊世界

以下各圖的名勝來自哪個國家？請連一連。

富士山

美 國

悉尼歌劇院

日 本

金字塔

澳 洲

自由女神像

意 大 利

比薩斜塔

埃 及

總結

世界上有約有二百多個國家，每個國家都有其獨特的文化，包括服飾、飲食、音樂等，亦有其標誌性的名勝。到訪其他國家時，我們要尊重別人的文化，不要做出無禮的行為。

不同的國家有哪些差異？請把代表答案的字母填在方格內。

A. 貨幣　　　B. 服飾　　　C. 食物　　　D. 建築物

1. 以下的物品用什麼製造的？用木造的，請把 貼在方格裏；用金屬造的，請把 貼在方格裏。

汽水罐

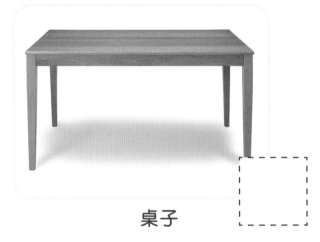

桌子

刀叉

報紙

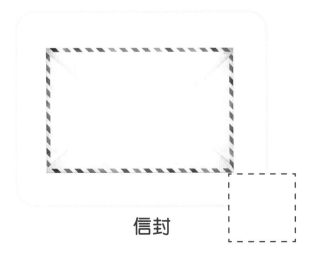

信封

鑰匙

2. 以下圖中是什麼地方？請連一連。

　　　• 　　　• 機場

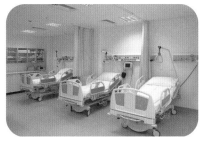　　　• 　　　• 醫院

　　　• 　　　• 郊野公園

　　　• 　　　• 銀行

　　　• 　　　• 郵局

3. 人們會在什麼節日做以下的活動？請把代表答案的字母
   填在方格內。

A. 端午節　　　　B. 清明節　　　　C. 中秋節

龍舟比賽

吃月餅

拜祭祖先

觀賞花燈

舞火龍

吃糉子

4. 以下各圖的名勝古蹟叫作什麼？請把適當的字詞貼紙貼
在 [_____] 內。

5. 以下哪幅是中國國旗，哪幅是香港區旗？請圈出正確的
答案。

國旗 / 區旗   國旗 / 區旗

親子實驗室

分類小達人

連結主題：磁鐵的力量

??

除了鋁罐這種金屬，有些回收商還會收集廢鐵呢！
我們怎樣能快速地從垃圾堆中回收廢鐵呢？

💡 想一想

你知道鐵這種金屬的特性嗎？我們可以利用它的哪個特質來進行回收？

能導電

可能會生鏽

能導熱

表面有光澤

實驗 Start!

 學習目標

☑ 認識磁鐵在生活上的應用

☑ 建立回收的概念，培養環保意識

RECYCLE

 準備材料

已清潔的廢棄物料

兩個用來分類垃圾的
紙箱、盒子或袋子

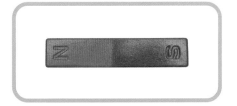

一塊弦力磁鐵

一支筆

63

實驗 利用磁鐵進行回收廢鐵工作

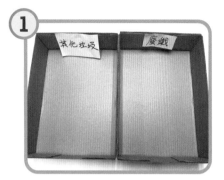

① 用筆記錄紙箱的分類，分別是廢鐵和其他垃圾。

② 先自行把已清潔的廢棄物料進行廢物分類，並計時。

③ 把廢棄物料重新混在一起，這次試用磁鐵進行分類工作。

④ 運用磁鐵把廢鐵分隔出來，並計時進行分類。

觀察結果：

自行廢物分類所需時間：＿＿＿＿＿＿＿＿

運用磁鐵進行廢物分類所需時間：＿＿＿＿＿＿＿＿

當分類大量廢物時，運用磁鐵進行廢物分類較自行分類（快 / 慢）。

總結 ✏️

從實驗可以得知，因為磁鐵能吸起鐵類製品，所以它能幫助我們進行垃圾分類。垃圾場收集了各種不同的廢棄物料，現時有些地方的垃圾場會運用巨大的電

磁鐵吸盤起重機，把廢鐵吸起來進行回收。

在香港，我們要注意並非所有的鐵罐都能夠回收。如果鐵罐曾承載一些難以去除的化學物料或壓縮氣體，例如油漆罐或消毒噴霧都不適宜回收。我們做回收工作時，要多加注意呢！

原來如此！我明白了！

答案頁

P.12

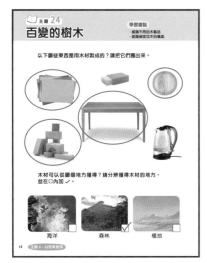

P.13

P.14

P.15

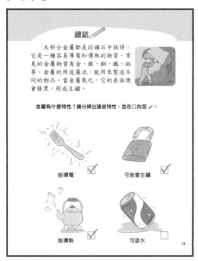

P.16

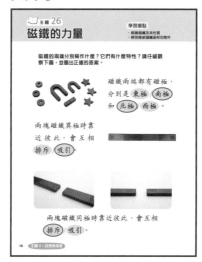

P.17

P.18

P.19

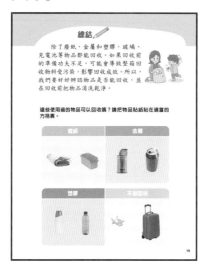

P.20

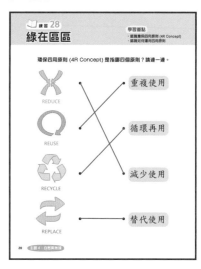

P.21

P.22

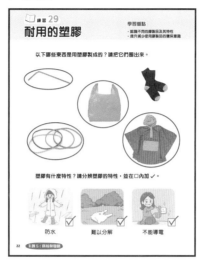

P.23 （答案自由作答）

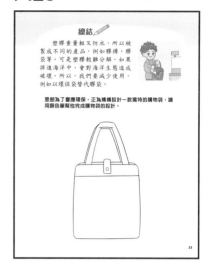

P.24

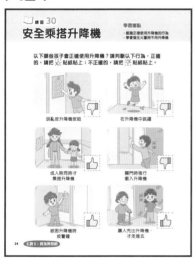

P.25

P.26

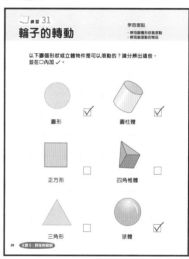

P.27

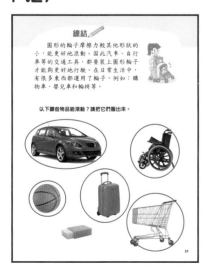

P.28

P.29

P.30

P.31

P.32

P.33

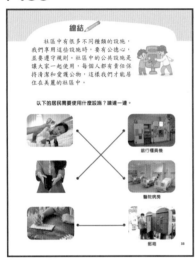

P.34

P.35

P.36

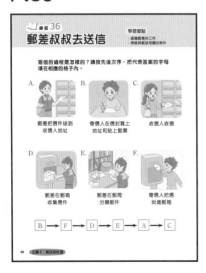

P.37

P.38

P.39

總結

在我們的社區中，有很多穿着制服、為我們服務的人，例如消防員、海關、交通警察等。他們有不同的工作崗位和職責，我們應該把着感恩的心，向辛勞工作的他們致敬。

圖中的人有什麼職責？請連一連。

P.40

練習 38
香港的節日

學習重點
・認識不同的香港傳統節慶活動
・認識不同傳統節日習俗

香港有什麼獨特的傳統節慶活動？請把代表答案的字母填在相應的格子內。

A. 長洲太平清醮　　　B. 車公誕新福
C. 大坑舞火龍　　　　D. 盂蘭節神功戲

P.41

總結

香港有很多獨特的傳統節慶活動，例如長洲太平清醮、大坑舞火龍等，有些節慶活動甚至被列為國家級非物質文化遺產項目。這些活動吸引很多人參與，感受當中的熱鬧氣氛，並藉此了解香港的獨特文化。

思晴正參加有關香港傳統節日的問答比賽，你會回答以下的題目嗎？請幫助她選出正確的答案，並在圈裏打 ✓。

1. 大坑舞火龍在什麼節日中舉行？

農曆新年　　端午節　　中秋節 ✓

2. 以下哪種傳統活動在太平清醮時舉行？

搶包山比賽 ✓　　舞獅　　吃火雞

P.42

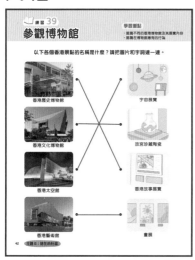

練習 39
參觀博物館

學習重點
・認識不同的香港博物館及其展覽內容
・培養在博物館應有的行為

以下各個香港景點的名稱是什麼？請把圖片和字詞連一連。

香港歷史博物館　　　宇宙展覽
香港文化博物館　　　故宮珍藏陶瓷
香港太空館　　　　　香港故事展覽
香港藝術館　　　　　畫展

P.43

總結

香港有很多不同博物館，每所博物館的主題和展品都不一樣，我們不妨到這些博物館參觀一下，認識不同的藝術品和歷史文化。

我們應該怎樣遊覽博物館？正確的行為，請把 👍 貼紙貼上；不正確的行為，請把 👎 貼紙貼上。

飲食 👎　　仔細欣賞 👍

閱讀展品簡介 👍　　拍攝展品 👎

P.44

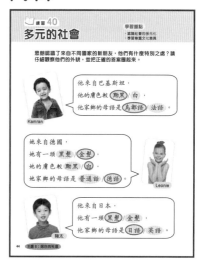

練習 40
多元的社會

學習重點
・認識社會的多元化
・學習尊重文化差異

思晴認識了來自不同國家的新朋友，他們有什麼特別之處？請仔細觀察他們的外貌，並把正確的答案圈起來。

他來自巴基斯坦，他的膚色較 黝黑/白，他家鄉的母語是 烏都語 法語。

Kamran

她來自德國，她有一頭 黑髮/金髮，她的膚色較 黝黑/白，她家鄉的母語是 普通話 德語。

Leonie

他來自日本，他有一頭 黑髮/金髮，他家鄉的母語是 日語 英語。

翔太

P.45

總結

我們的社會很多元化，由來自不同地方的人組成，大家都有不同的種族、文化、語言、生活方式和宗教信仰等。我們要學會互相接納和尊重，加強彼此的溝通，這樣才能建立一個和諧的社會。

思晴發現他的新朋友跟自己的習慣不同，他應該怎樣做？請選出正確的對話，並在 □ 內加 ✓。

✓ 原來你們傳統會用右手吃飯嗎？
□ 你用手吃飯，真髒！

□ 你還戴着頭巾，真奇怪！
✓ 你你不想脫頭巾，我給你開風扇吧！

品德小錦囊

社會中有不同種族的人，彼此有不同的生活習慣。我們要學會尊重他人。

P.46

練習 41
端午節划龍舟

學習重點
・認識端午節的習俗和應節食品
・認識端午節的習俗

以下哪些是端午節的習俗？請分辨出這些習俗，並在 □ 內加 ✓。

吃月餅　　賞燈飾

龍舟比賽 ✓　　貼揮春

到親友家拜年　　吃糭子 ✓

P.47

總結

端午節是中國傳統的節日之一。除了進行龍舟比賽外，還有吃糭子的習俗。糭子也有分很多種類，它們主要是用糯米製成的，不容易被消化，我們不應進食過量。

爸爸正出題考思晴有關端午節的知識，你會回答爸爸的題目嗎？請幫助思晴選出正確的答案，並在圈裏打 ✓。

1. 每年的端午節在什麼時候？

農曆 5 月 5 日 ✓　　農曆 8 月 15 日　　每年均不同

2. 端午節相傳是為了紀念誰？

司馬光　　孔子　　屈原 ✓

P.48

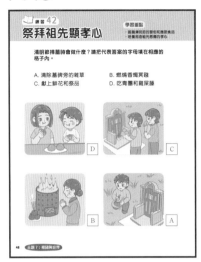

P.49

P.50

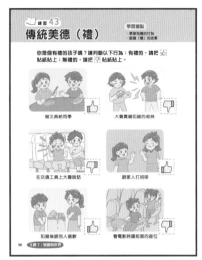

P.51

P.52

P.53

P.54

P.55

P.56

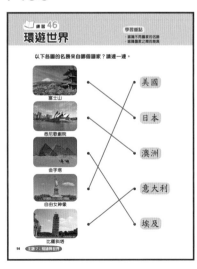

P.57

P.58

P.59

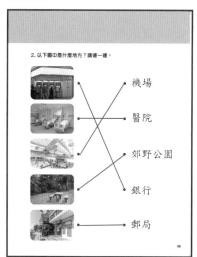

P.60

P.61

P.64

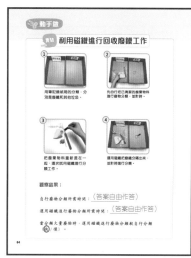

新雅幼稚園常識及綜合科學練習（低班下）

編　　　者：新雅編輯室
繪　　　圖：紙紙
責任編輯：黃偲雅
美術設計：徐嘉裕
出　　　版：新雅文化事業有限公司
　　　　　　香港英皇道 499 號北角工業大廈 18 樓
　　　　　　電話：（852）2138 7998
　　　　　　傳真：（852）2597 4003
　　　　　　網址：http://www.sunya.com.hk
　　　　　　電郵：marketing@sunya.com.hk
發　　　行：香港聯合書刊物流有限公司
　　　　　　香港荃灣德士古道220-248號荃灣工業中心16樓
　　　　　　電話：（852）2150 2100
　　　　　　傳真：（852）2407 3062
　　　　　　電郵：info@suplogistics.com.hk
印　　　刷：中華商務彩色印刷有限公司
　　　　　　香港新界大埔汀麗路36號
版　　　次：二〇二四年六月初版

ISBN: 978-962-08-8379-8
© 2024 Sun Ya Publications (HK）Ltd.
18/F, North Point Industrial Building, 499 King's Road, Hong Kong
Published in Hong Kong SAR, China
Printed in China

鳴謝：
本書部分相片來自Pixabay (http://pixabay.com)。
本書部分相片來自Dreamstime（www.dreamstime.com）許可授權使用。